Bibliografische Information der Deutschen Nationalbibliothek:

Die Deutsche Bibliothek verzeichnet diese Publikation in der Deutschen National-
bibliografie; detaillierte bibliografische Daten sind im Internet über http://dnb.d-
nb.de/ abrufbar.

Impressum:

Copyright © 2013 GRIN Verlag, Open Publishing GmbH
Druck und Bindung: Books on Demand GmbH, Norderstedt Germany
ISBN: 9783668251069

Dieses Buch bei GRIN:

http://www.grin.com/de/e-book/335199/zukunftstechnologie-brennstoffzelle

Lennart Zeller

Aus der Reihe: e-fellows.net stipendiaten-wissen

e-fellows.net (Hrsg.)

Band 1927

Zukunftstechnologie Brennstoffzelle

Die mobile Anwendung Brennstoffzelle in Kombination mit einem Antrieb

GRIN Verlag

SEMINARARBEIT

Karl-Ernst Gymnasium Amorbach

2013/2014

Lennart Zeller

Abgabe: 12.11.2013

Die mobile Anwendung der Zukunftstechnologie

Brennstoffzelle in Kombination mit einem Antrieb

Leitfach: Physik

Rahmenthema des Wissenschaftspropädeutischen Seminars:

„Energiespar-Trends kritisch betrachtet"

1. INHALTSVERZEICHNIS

Die Bereitstellung von Energie für Jedermann ist ohne Zweifel eine der größten Streitfragen des 21. Jahrhunderts. Effizienz, Zugänglichkeit, Erschwinglichkeit, reduzierte Abhängigkeiten, Umweltfreundlichkeit und Risikofreiheit sind dabei die maßgebenden Ideale, die man zu erreichen versucht. In diesem Sinne ist die Energieerzeugung und deren Einsatz durch den Fortschritt in der Wissenschaft einem ständigen Wandel unterzogen, der die Verbesserung hin zu solchen Idealen bezwecken soll. Insbesondere der Trend zur Umweltentlastung und das durch Knappheit bedingte notwendige Abwenden vom wichtigsten fossilen Rohstoff der Erde, dem Erdöl, geraten heutzutage immer mehr in den Fokus.
Deshalb greift man nun wieder auf zunächst schon fast in Vergessenheit geratene Technologien zurück um wiederum andere, in diesem Fall umweltschädlichere Technologien, schrittweise zu ersetzen.

Ein solches Beispiel ist die Brennstoffzelle, die als eine der Zukunftstechnologien des 21. Jahrhunderts gehandelt wird, und das, obwohl sie seit ihrer Entdeckung aufgrund mangelnder Effektivität kaum Anwendung fand. Heute dagegen wird ihr in vielen Bereichen erhebliches Potenzial zugesprochen und sie erlebt eine weltweite Renaissance. Der Grund liegt dabei vor allem bei den vielseitigen Vorteilen, die diese Technologie zu versprechen meint, wobei das Augenmerk auf den schon genannten Aspekten der Entlastung der Umwelt und der Unabhängigkeit vom Erdöl liegt.
Gerade darum würde man annehmen, dass diese Art von Technologie sehr gut geeignet ist für einen der Bereiche, der für einen Großteil des Verbrauchs an Erdöl und gleichzeitig des Schadstoffausstoßes auf dieser Erde verantwortlich ist. Dabei handelt es sich um den Bereich des Antriebs und der Fortbewegung; sprich also die mobile Verwendung der Brennstoffzelle in Verbindung mit einem Motor.

Doch warum findet die Brennstoffzelle dann noch immer nur vereinzelten Einsatz? Woran scheint eine letztendliche Markteinführung zu scheitern?
Und mit welchen Vorteilen könnte man verglichen mit herkömmlichen Technologien bei einer erfolgreichen Marktreife der Brennstoffzelle rechnen? Um welche Einsatzgebiete handelt es sich genau, in denen sie sich im Antriebssektor etablieren könnte?

Diese, und noch viele weitere Fragen sind Gegenstand der vorliegenden Seminararbeit mit der Zielsetzung, einen umfassenden Überblick über die Zukunftstechnologie Brennstoffzelle im Bereich der mobilen Anwendung in Verbindung mit einem Antrieb zu schaffen.

2. DIE WASSERSTOFF-SAUERSTOFF-BRENNSTOFFZELLE

2.1 DEFINITION UND GESCHICHTE

Bei der Brennstoffzelle handelt es sich um eine elektrochemische, genauer gesagt galvanische Zelle, die der Wandlung von chemischer Energie in elektrische Energie dient. Die benötigte Energie wird mit einem Brennstoff, der durch seine chemische Zusammensetzung ein gewisses Energiepotenzial besitzt, kontinuierlich zugeführt. Anschließend wird die bei der Reaktion des Brennstoffes mit einem Oxidationsmittel freiwerdende Reaktionsenergie in elektrische Form gebracht um sie für weitere Zwecke nutzbar zu machen. (wikipedia.org I.) (chorum.de I.)

Es handelt sich bei diesem Prozess um eine sogenannte „kalte Verbrennung", weil anders als bei den meisten exothermen Reaktionen primär keine thermische Energie, sondern elektrische Energie frei wird. Dabei entstehen im Allgemeinen keine schädlichen Emissionsgase, sondern oft nur ganz einfache Nebenprodukte wie Wasser, die in der Regel harmlos sind. (dlr.de)

Aus der Kombination der verwendeten Stoffe heraus ergeben sich verschiedene Typen von Brennstoffzellen, wobei neben der Direktmethanol-Brennstoffzelle, welche Methanol als Brennstoff und Sauerstoff als Oxidationsmittel verwendet, die Wasserstoff-Sauerstoff-Brennstoffzelle am meisten erforscht wird und vor allem auch Anwendung findet. (Buchal, 2008)

Als Entdecker des Prinzips der Brennstoffzelle gilt der deutsche Physiker und Chemiker Professor Christian Friedrich Schönbein (1799 - 1868), der 1838 an der Universität Basel eruierte, dass bei der Reaktion von Wasserstoff und Sauerstoff eine elektrische Spannung festgestellt werden kann. (chorum.de I.)

Die eigentliche Erfindung der Brennstoffzelle wird jedoch dem britischen Jurist und Forscher Sir William Robert Grove (1811 - 1896) zugeschrieben, der erkannte, dass es sich bei Schönbeins Experiment um die Umkehrung der Elektrolyse handelt. Grove entwickelte daraufhin im Jahre 1839 die erste funktionierende Brennstoffzelle, welche er „galvanische Gasbatterie" (diebrennstoffzelle.de I.) taufte. (Larminie & Dicks, 2000)

Diese Erfindung wurde jedoch angesichts der anfänglich zu geringen Effektivität und Werner von Siemens' Entdeckung des dynamoelektrischen Prinzips im Jahre 1866 in den Hintergrund gedrängt. Es dauerte demnach noch über 100 Jahre, bis diese Technik derart verbessert wurde, dass sie in bestimmten Bereichen Anwendung finden konnte. Allerdings handelte es sich bei diesen Einsatzgebieten aus Kostengründen vorerst um staatlich geförderte Projekte. Beispielsweise fand die Brennstoffzelle als Energielieferant in U-Booten der Marine oder später auch in der Raumfahrt Gebrauch. Zum Beispiel wurde die Brennstoffzellentechnik bereits im Rahmen des Apollo-Programmes im Jahre 1969 verwendet. Eine kommerzielle Nutzung wurde jedoch erst Anfang der 80er Jahre in Betracht gezogen. (Rosenberg & Gent, planet-wissen.de, 2009) (Rosenberg, planet-wissen.de, 2009)

2.2 FUNKTIONSPRINZIP DER BRENNSTOFFZELLE

Der prinzipielle Aufbau einer Brennstoffzelle ist unabhängig vom Typ im Kern gleich. Anhand der Polymerelektrolyt-Brennstoffzelle (PEMFC) wird das Funktionsprinzip nun genauer erläutert.

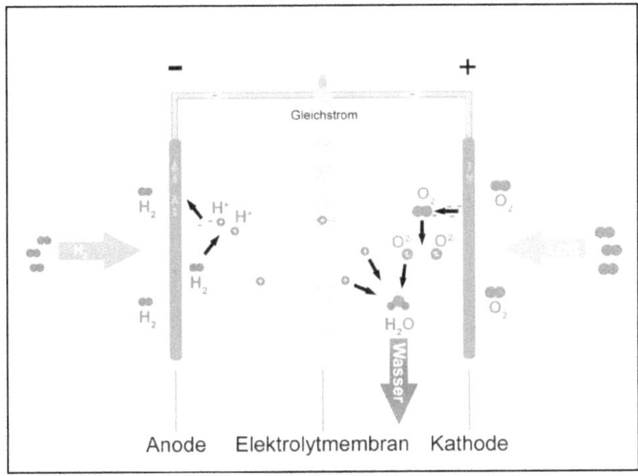

ABBILDUNG 1: FUNKTIONSPRINZIP POLYMERELEKTROLYT-BRENNSTOFFZELLE (COMMONS.WIKIMEDIA.ORG, 2005)

Anode und Kathode sind durch einen Elektrolyt (Ionenleiter), der nur für bestimmte Teilchen durchlässig ist, voneinander getrennt. Im Falle der PEMFC handelt es sich dabei um eine saure, sehr dünne semipermeable Polymermembran, die nur von positiven Wasserstoff-Ionen passiert werden kann.

Die Elektroden dagegen bestehen in der Regel aus einem porösen Kohlenstoff, um zu gewährleisten, dass sie, neben ihrer leitenden Funktion, von Gasen durchströmt werden können. Demgemäß kann auf Seiten der Kathode Sauerstoff und an der Anode Wasserstoff beständig hinzugeführt werden. Eine Edelmetalllegierung fungiert darüber hinaus als Katalysator, welcher für die Aufspaltung der Gase nötig ist und gewöhnlich aus Platin besteht.

In Abbildung 1 werden der Aufbau und die Funktion der Polymerelektrolyt-Brennstoffzelle figurativ dargestellt. (Lucas Nülle GmbH, Kai-Christian Tönnsen, 2010) (chorum.de I.)

Bei der sich in der Brennstoffzelle abspielenden Reaktion zwischen Wasserstoff und Sauerstoff handelt es sich um eine sogenannte Redoxreaktion, die in Oxidation und Reduktion gegliedert ist.

Die Oxidation bezeichnet die mit Hilfe des Katalysators ermöglichte Zerlegung der Wasserstoffmoleküle in jeweils zwei Elektronen und zwei positiv geladene Zellkerne und spielt sich im Anodenraum ab. Es handelt sich folglich um die sogenannte Elektronenabgabe:

$$(A \quad e):$$

Die anschließend ablaufende Elektronenaufnahme findet im Kathodenraum statt und nennt sich Reduktion. Dabei rekombinieren die bei der Oxidation zunächst getrennten Ladungsträger mit den sich dort befindenden Sauerstoff-Ionen unter Wärmeentwicklung zu Wasser:

$$(K \quad e):$$

Wenn man nun diese beiden Teilreaktionen zusammenfasst, ergibt sich folgende Gesamtreaktion:

(guidobauersachs.de) (wikipedia.org II.)

Allerdings hindert eine wichtige Besonderheit der Brennstoffzelle anfänglich die soeben beschriebene Redoxreaktion, davor abzulaufen. Dies liegt daran, dass die beiden Edukte, Wasserstoff und Sauerstoff, zunächst durch die Polymermembran voneinander getrennt sind und somit nicht direkt reagieren können. Lediglich die bei der Reduktion entstandenen H^+-Ionen können durch die Elektrolytmembran diffundieren und gelangen auf diese Weise zum Sauerstoff in den Kathodenraum. Zu diesem Zwecke muss die Polymermembran befeuchtet werden, da ansonsten deren Protonenleitfähigkeit nur eingeschränkt bestehen würde.

Erst der fortan im Anodenraum herrschende Elektronenmangel bewirkt, dass die freien Elektronen über den äußeren Stromkreis von der Anode zur Kathode geleitet werden (vgl. Abbildung 1).

Es wird also elektrische Arbeit verrichtet, indem die bei der Reaktion erzeugte Potentialdifferenz zwischen den beiden Elektroden ausgeglichen wird.

Die elektrische Energie kann einfach und unkompliziert anhand von einem zwischen Anode und Kathode geschalteten Stromverbraucher genutzt werden. (diebrennstoffzelle.de II.) (guidobauersachs.de) (Hakenjos, 2006) (chorum.de I.)

In der Praxis wäre die Ausgangsspannung einer einzelnen Brennstoffzelle viel zu gering um elektrische Geräte mit ausreichend Energie zu versorgen. Wenn daher im Volksmund von einer Brennstoffzelle die Rede ist, ist gewöhnlich ein komplettes Brennstoffzellensystem gemeint. Eine solche Einheit besteht aus einem oder mehreren sogenannten „Stacks", einem Verbund aus vielen einzelnen in Reihe geschalteten Brennstoffzellen, die mittels jeweils einer zwischen zwei Brennstoffzellen befindlichen Bipolarplatte voneinander getrennt sind. Derartige Platten sind robust, bestehen zumeist aus Graphit oder einem leitenden Kunststoff und übernehmen zwei wichtige Aufgaben innerhalb des Systems. Einerseits bilden Bipolarplatten die elektrische Verbindung zwischen den Elektroden zweier benachbarter Brennstoffzellen. Andererseits sichern sie, wie in Abbildung 2 (a) schematisch dargestellt, durch feine, beidseitig eingefräste Kanäle die separate Zufuhr der Reaktionsgase und gegebenenfalls des Kühlwassers, sowie die Abführung von Wärme und Reaktionsprodukten.

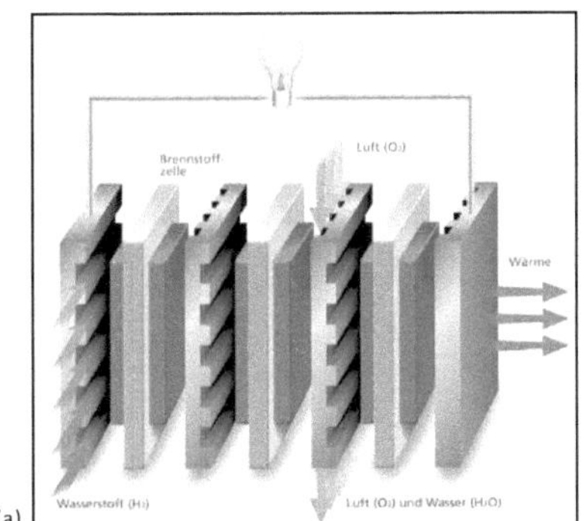

ABBILDUNG 2: (a) SCHEMATISCHER AUFBAU EINES BRENNSTOFFZELLEN-STACKS (CHEMGAPEDIA.DE) (b) KÄUFLICHER BRENNSTOFFZELLEN-STACK MIT 96 ZELLEN (PROTON-MOTOR.DE)

Durch die Größe der Fläche der einzelnen Brennstoffzellen wird die Stromstärke eines Stacks bestimmt, wohingegen die Spannung von der Anzahl der Zellen abhängt. Abbildung 2 (b) zeigt einen Brennstoffzellen-Stack mit 96 Zellen. (Lucas Nülle GmbH, Kai-Christian Tönnsen, 2010) (zbt-duisburg.de) (chemgapedia.de) (chorum.de II.)

2.3 VERGLEICH DER POLYMERELEKTROLYT-BRENNSTOFFZELLE MIT DER ALKALISCHEN BRENNSTOFFZELLE

Neben der Polymerelektrolyt-Brennstoffzelle existiert noch eine weitere Art der Wasserstoff-Sauerstoff-Brennstoffzelle, die für eine mobile Verwendung in Frage kommt. Es handelt sich dabei um die Alkalische Brennstoffzelle (AFC), zu denen auch die erste, von Grove entwickelte galvanische Gasbatterie zählte.

Diese unterscheidet sich primär durch den verwendeten Elektrolyt von der PEMFC. Im Falle der AFC handelt es sich gewöhnlich um eine wässrige Kalilauge, also um eine alkalische Lösung. Aus diesem Grunde erfolgt der Ladungstransport innerhalb der Brennstoffzelle nicht mittels Protonen sondern Hydroxidionen (OH^-), die von der Kathode zur Anode wandern. Die Wasserproduktion findet infolgedessen im Anodenraum und nicht auf Seiten der Kathode statt.

Des Weiteren erfordert der verwendete Elektrolyt eine hohe Reinheit der Reaktionsgase, da Kalilauge eine große Empfindlichkeit gegenüber Kohlenstoffdioxid (CO^2) und somit etwaigen Verunreinigungen aufweist. Bei der PEMFC dagegen stellt die Sauerstoffzufuhr anhand von Luft kein allzu großes Problem dar. Sie gestaltet sich nur insofern komplex, als dass sich Kohlenstoffmonoxid (CO) nach längerem Gebrauch ablagern kann und durch Spülen mit einem Reingas wieder entfernt werden muss. Beide Arten gehören zu Niedertemperatur-Brennstoffzellen, was in der Realität bedeutet, dass sie je nach Anwendung bei um die 70 °C betrieben werden.

	Elektrolyt	Mobiles Ion	Betriebstemperatur	Charakteristika
Polymerelektrolyt-Brennstoffzelle	Polymer-membran	H^+	ca. 70 °C	Luft als Oxidationsmittel möglich, hohe Flächenleistungsdichte, aufwendiges Wassermanagement
Alkalische Brennstoffzelle	Kalilauge	OH^-	ca. 70 °C	Unverträglichkeit gegenüber CO^2, hoher Wirkungsgrad

TABELLE 1: WESENTLICHE UNTERSCHIEDE ZWISCHEN DER POLYMERELEKTROLYT-BRENNSTOFFZELLE UND DER ALKALISCHEN BRENNSTOFFZELLE

Auch wenn die verwendeten Materialien der Polymerelektrolyt-Brennstoffzelle teurer sind und durch die notwendige Befeuchtung der Membran ein eher aufwendiges Wassermanagement erfordert, weist sie gegenüber der Alkalischen Brennstoffzelle entscheidende Vorteile auf. Die AFC scheint von ihr heutzutage weitgehend verdrängt worden zu sein. Die letztendlich dafür verantwortlichen Gründe sind vor allem, dass die PEMFC ein hohes Entwicklungspotenzial besitzt, sowie, dass die Reinheit der Reaktionsstoffe eine eher untergeordnete Rolle spielt. Tabelle 1 fasst die grundsätzlichen Merkmale beider Brennstoffzellenarten zusammen. (uni-paderborn.de) (chorum.de I.) (chorum.de II.)

Da Wasserstoff auf der Erde zwar genügend, aber fast ausschließlich in gebundenem Zustand vorliegt, muss dieser anfangs in molekulare Form gebracht werden um hinterher in einer Brennstoffzelle verwertet zu werden zu können. Überwiegend geschieht dies in der industriellen Wasserstoffherstellung, wobei verschiedene Herstellungsverfahren möglich sind.

Das verbreitetste Verfahren nennt sich Dampfreformierung. Besagte Methode beruht darauf, unter Druck- und Wärmeeinwirkung Kohlenwasserstoffe, wie zum Beispiel Erdöl, Erdgas oder Biomasse aufzuspalten. Dieser sogenannte Reformationsprozess könnte auch erst unmittelbar vor der Verwendung in der Brennstoffzelle erfolgen. Eine solche Integration in ein Brennstoffzellensystem kommt aber zunächst nur beim stationären Einsatz von Brennstoffzellen in Frage, weil dort Platzersparnis eher unbedeutend ist.

Ebenso ist es aber auch möglich, durch Elektrolyse von Wasser Wasserstoff zu gewinnen. Bei dem dabei zugrundeliegenden Prinzip handelt es sich um die Umkehrung der Brennstoffzelle. Mit Hilfe elektrischen Stroms und eines dazugegebenen Elektrolyten wird Wasser in Sauerstoff und Wasserstoff aufgespalten. Ökologisch gesehen ergibt dieser Vorgang jedoch nur dann Sinn, wenn der verwendete Strom aus erneuerbaren Energiequellen stammt. Unter dieser Bedingung wäre die Wasserstoffherstellung vollständig unabhängig von fossilen Brennstoffen. (uni-paderborn.de)

Für die mobile Anwendung muss der zuvor industriell hergestellte Wasserstoff bis zu seinem Einsatz in der Brennstoffzelle beförderbar gespeichert werden. Dabei ist zu beachten, dass die eingesetzten Wasserstofftanks nicht unverhältnismäßig groß werden, weil es sich bei Wasserstoff um den Stoff mit der geringsten bekannten Dichte handelt.

Um dies zu vermeiden, könnte das Gas unter Druck verdichtet werden. Heutige Materialien erlauben bei einem enormen Druck von 700 Bar eine erhebliche Volumenersparnis. Trotzdem entspricht das Volumen von 1kg verdichtetem Wasserstoff immer noch dem von ca. 20l Wasser.

Eine andere Option bietet die Speicherung als Flüssigwasserstoff, wozu die Temperatur des Wasserstoffes auf unter -253 °C gebracht werden muss. Dadurch würde im Vergleich zur Druckwasserstoffspeicherung das Volumen des Wasserstoffes um weitere 33,3% verringert werden können. Da dies aber mit einem noch höheren Energieaufwand verbunden ist und darüber hinaus viel Wärmedämmung nötig ist, lohnt es sich nur bei sehr großen Systemen. (wikipedia.org III.) (wikipedia.org IV.)

4. MOBILER EINSATZ IN VERBINDUNG MIT EINEM ANTRIEB

4.1 ABLÄUFE INNERHALB DES ANTRIEBSSYSTEMS

Von dem eingangs vorliegenden Energieträger Wasserstoff bis hin zu einer Umwandlung von dessen innerer Energie in nutzbare mechanische Energie müssen innerhalb eines mobilen Systems einige technische Prozesse ablaufen, die nun erläutert werden.

Nachdem der eingebaute Tank mit Wasserstoff gefüllt wurde, wird der Brennstoff über ein elektrisch reguliertes Druckventil zur Brennstoffzelle geleitet. Da im mobilen Einsatz größtenteils PEMFC betrieben werden, ist die Zufuhr von Sauerstoff als Oxidationsmittel durch die Luft in der Umgebung gesichert. Es reicht demnach ein einfaches Belüftungssystem aus um die Brennstoffzelle mit Außenluft zu versorgen. Anschließend kann die Brennstoffzelle die chemische Energie des Wasserstoffes in elektrische Energie umwandeln. In der Regel wird diese kurzzeitig in einem Hochleistungskondensator oder Akkumulator zwischengespeichert. Der Brennstoffzellen-Stack ist dabei unter keinen Umständen mit dem Antrieb eines mobilen Fahrzeuges gleichzusetzen. Die wesentliche Funktion der Brennstoffzelle ist es, nur die benötigte elektrische Energie in Form von Strom für den verbauten Elektromotor bereitzustellen. Mit Hilfe von Elektromagnetismus wandelt dieser schließlich die elektrische Energie in mechanische Energie um und kann somit Räder, Schiffsschrauben, Propeller oder ähnliches antreiben. Durch dessen spezifische technische Werte ist keine aufwändige Übersetzung in Form eines Schaltgetriebes notwendig und der Elektromotor kann direkt an den Antriebsachsen verbaut werden.

Eine weitere Möglichkeit des Einsatzes von Brennstoffzellen bilden Hybridkonzepte. Zu solchen Systemen zählt einerseits ein Elektromotor, der von Brennstoffzellen und Akkus betrieben wird. Andererseits kann ein ergänzendes System, bestehend aus einem Verbrennungsmotor und einem brennstoffzellenbetriebenen Elektromotor gemeint sein. (Hirschl & Hoffmann, 2003)

4.2 PRO UND KONTRA

Um eine tatsächliche Markteinführung der Brennstoffzelle in Kombination mit einem Elektromotor in Erwägung zu ziehen ist es unerlässlich, einen Vergleich zu gängigen Antriebstechnologien herzustellen. Für die nun folgende Abwägung von Vor- und Nachteilen wird primär der Verbrennungsmotor und ferner ein akkubetriebener Elektromotor zum Vergleich herangezogen.

Der zunächst wohl größte Vorteil gegenüber dem Verbrennungsmotor ist die Unabhängigkeit von fossilen Brennstoffen. Wasserstoff gilt als unerschöpflicher Energieträger, der im Gegensatz zu den zur Neige gehenden Vorräten an Erdöl und Erdgas steht. Durch die damit verbundene Nachhaltigkeit besitzt die Brennstoffzellentechnologie ein enormes ökologisches Potenzial für die Zukunft. Jedoch hängt diese Vorteilhaftigkeit stark von der Art und Weise ab, wie der Wasserstoff gewonnen wurde. Da es sich bei der Dampfreformierung (vgl. S.7) um die gebräuchlichste Methode handelt und diese gemeinhin auf Erdöl oder Erdgas basiert, hat dieses Plus hinsichtlich der reduzierten Abhängigkeiten nur bedingt Gültigkeit. Einzig bei der Reformierung von Biomasse ist eine Unabhängigkeit von fossilen Brennstoffen gegeben. Das Gleiche ist auch bei der Wasserstoffgewinnung anhand von Elektrolyse zu beachten. Handelt es sich bei dem dafür benötigten Strom um Ökostrom, also Strom aus erneuerbaren Energiequellen, wie zum Beispiel aus Wind-, Wasser-, oder Sonnenenergie, bestehen keinerlei Abhängigkeiten. Anderenfalls gilt dies nicht. (Hirschl & Hoffmann, 2003)

Ein weiterer Vorteil, der für die Brennstoffzelle spricht, ist die Effizienz und der hohe Wirkungsgrad eines solchen Antriebssystems. Während der Wirkungsgrad eines Verbrennungsmotors durch den Carnot-Faktor begrenzt ist, ist das bei einem Brennstoffzellenantrieb nicht der Fall, weil weder die Brennstoffzelle an sich noch der Elektromotor thermische Energie nutzen. Der Carnot-Faktor beschreibt den theoretisch maximal möglichen Wirkungsgrad eines Prozesses, bei dem Wärmeenergie in mechanische Energie umgewandelt wird. In der Realität erreicht eine mit einem Elektromotor verbundene Brennstoffzelle einen Wirkungsgrad von bis zu 55%, wohingegen sich der durchschnittliche Wirkungsgrad eines Verbrennungsmotors zwischen 25% und 35% bewegt. Damit zusammenhängend ist das ausgezeichnete Teillastverhalten von Brennstoffzellen, was gute Starteigenschaften und ein allgemein dynamischeres Verhalten verspricht und beispielsweise im Straßenverkehr besonders gefragt ist.
In Verbindung mit Effizienz ebenfalls relevant ist die Möglichkeit, beispielsweise durch Bremsrückgewinnung Energie zu sparen. Dieser Begriff bezeichnet einen Vorgang, bei dem die beim Bremsen überschüssig werdende Energie aus der Bewegung zurück ins System gespeist wird. Eine solche Technik basiert auf Generatoren, die mechanische Energie in elektrische umwandeln können, sodass diese wieder für den Antrieb zur Verfügung steht.

Darüber hinaus ist der Betrieb eines brennstoffzellenbasierten Antriebs nahezu geräuschlos. Dies könnte gerade im Luftverkehr von großem Vorteil sein. Ausschließlich durch Bodenkontakt, Luftwiderstand oder Verdrängung von Wasser kann Lärm entstehen. (Bosch, 2004) (Hirschl & Hoffmann, 2003) (wikipedia.org IV.)

Gleichermaßen anzuführen ist die klare Überlegenheit der Wasserstoff-Sauerstoff-Brennstoffzelle in Sachen Emissionen. Derartige Systeme stoßen auf lokaler Ebene keinerlei umweltschädliche Abgase aus. Weder Treibhausgase wie Kohlenstoffdioxid oder Stickoxide noch andere Arten von Schadstoffen werden bei der elektrochemischen Umsetzung freigesetzt. Das einzige absolut ungiftige Reaktionsprodukt dieses Prozesses ist gewöhnliches Wasser. Insofern fallen alle Arten von Transportmitteln, die einen Elektromotor mittels Brennstoffzellen antreiben, unter den sogenannten Begriff der „Zero Emission". Dies bedeutet, dass sie aufgrund ihres emissionsfreien Betriebs besonders umweltfreundlich sind. Diesbezüglich könnte die Brennstoffzellentechnologie eine Lösung für die zunehmenden Umweltprobleme in einer mobilen Gesellschaft darstellen. (Hirschl & Hoffmann, 2003)

Hinsichtlich der Tatsache, dass diverse der genannten Vorteile auf den Elektromotor zurückzuführen sind, müssen auch die Unterschiede zu einem akkubetriebenen Beförderungsmittel beachtet werden.

In diesem Sinne vor allem positiv zu bewerten ist der geringe Zeitanspruch beim Betanken von Wasserstoff. Die dafür aufgewendete Zeit deckt sich mit den wenigen Minuten, die für einen Betankungsvorgang mit Benzin oder Diesel benötigt werden. Im Gegensatz dazu bedarf es mehrere Stunden um mobil eingesetzte Akkumulatoren vollständig wieder aufzuladen. Folglich sind Brennstoffzellenantriebe verglichen mit akkubasierten Systemen mit wesentlich mehr Bequemlichkeit verbunden. (Wüst, 2013) (spiegel.de)

Auch der wohl größte Nachteil von Akkus trifft auf die Brennstoffzelle nur sehr eingeschränkt zu. Und zwar erzielen Akkusysteme, nicht zuletzt aufgrund ihres hohen Gewichts, nur sehr geringe Reichweiten und sind dementsprechend mit vielen Ladezyklen verbunden. Wasserstoff dagegen hat in verdichteter Form eine höhere Energiedichte als Akkumulatoren (vgl. S.7), wodurch in der Praxis Reichweiten von mehr als dem Dreifachen von akkubetriebenen Transportmitteln erreicht werden. (Wüst, 2013) (Hirschl & Hoffmann, 2003)

4.2.2   NACHTEILE UND PROBLEME

Auch wenn der Wirkungsgrad eines Brennstoffzellentransportmittels an sich beeindruckend ist, so relativiert sich dies jedoch beträchtlich, sobald man die gesamte Produktionskette der Wasserstoffherstellung, Aufbereitung und Speicherung miteinbezieht. Berücksichtigt man diesen energieaufwendigen Prozess, verringert sich der Gesamtwirkungsgrad von Brennstoffzellenantrieben auf nur noch ca. 30%. Bei Kraftfahrzeugen nennt man diesen Wirkungsgrad „Well-to-Wheel", während der bei Brennstoffzellenkonzepten höhere, sich nur auf das letztendliche Fahrzeug beziehende Wirkungsgrad „Tank-to-Wheel" heißt.

Hinzu kommt, dass solange ein Großteil der Wasserstoffgewinnung auf Erdöl oder Erdgas beruht, auch umweltschädliche Emissionen ausgestoßen werden; nur eben nicht direkt von der Brennstoffzelle, sondern im Zuge der Bereitstellung des Brennstoffes. (Nill, 2000) (Wüst, 2013)

Neben diesem Problem ist eine kommerzielle Einführung der Brennstoffzelle abhängig von einer funktionierenden Wasserstoffinfrastruktur. Zum momentanen Zeitpunkt ist diese schlicht und einfach noch nicht gegeben. Derzeitig existieren nur 15 öffentliche Zapfstationen für Wasserstoff in Deutschland. Obwohl sich in absehbarer Zukunft wahrscheinlich geringfügig verbessert, würde dies für eine erfolgreiche Markteinführung von Brennstoffzellenautos noch nicht ausreichen. Zudem müsste die Wasserstoffproduktion um ein Vielfaches in die Höhe getrieben werden. (Wüst, 2013)

Ein anderes Problem hängt mit der Sicherheit von Wasserstoffsystemen zusammen. Reiner Wasserstoff wird als hochentzündlich eingestuft und könnte gerade deshalb bei der Verwendung im Luft- und Straßenverkehr mit einem enormen Risiko verbunden sein. Außerdem bildet Wasserstoff zusammen mit Sauerstoff eine detonationsfähige Mischung. Trotzdem kommt es in der Realität praktisch nicht dazu und man hat diese Problematik heutzutage weitgehend unter Kontrolle. Wasserstofftanks gelten inzwischen als weitaus sicherer als Benzintanks. (autohaus.de, 2011)

Ein weiterer Nachteil, der mit der komplexen Wasserstoffspeicherung zu tun, hat sind die erzielten Reichweiten. Obgleich Brennstoffzellenantriebe dahingehend Akkusysteme in den Schatten stellen, erzielen Verbrennungsmotoren immer noch vergleichsweise bessere Reichweiten.

Auch wenn es sich aktuell zu verbessern scheint, sind ebenfalls das Gewicht und der Platzanspruch von Konzepten, die auf Brennstoffzellen beruhen, nachteilig zu bewerten.

Darüber hinaus sind die Anschaffungskosten von Brennstoffzellen um einiges höher als die eines Verbrennungsmotors. Der Grund dafür ist primär bei der Verwendung von teuren Materialien wie Platin zu suchen. (Hirschl & Hoffmann, 2003) (Wüst, 2013)

4.3 BEISPIELE FÜR EINSATZGEBIETE

4.3.1 IM STRAẞENVERKEHR

Im Bereich der Kraftfahrzeuge wird die Erforschung von Brennstoffzellenantrieben schon seit über 20 Jahren intensiv betrieben. Vorreiter war zunächst lange Zeit der deutsche Automobilhersteller Daimler, welcher bereits vor der Jahrtausendwende funktionsfähige Brennstoffzellenautos entwickelte. Besonders beschäftigte man sich mit Omnibussen, zumal diese mehr Raum für Technik als Pkws boten. Nichtsdestotrotz blieb es bis heute bei seriennahen Prototypen, da der Trend hin zu akkubetriebenen Elektroautos ging. Gegenwärtig scheint dies aber wieder umzuschwenken und große Konzerne wie Toyota suchen den Antrieb der Zukunft nun doch wieder auf dem Gebiet der Brennstoffzellentechnologie.

So kommt es, dass Toyota noch im November 2013 das erste frei erhältliche Brennstoffzellenfahrzeug präsentieren wird. Die serienmäßig produzierte Mittelklasse-Limousine „FCV-R" soll obendrein schon 2015 auf den Markt kommen und ihren Strom ausschließlich mit einer an Bord verbauten Brennstoffzelle produzieren. Das Füllvolumen der zwei im Unterboden des Elektroautos befindlichen Wasserstofftanks soll Reichweiten von über 600 km garantieren ohne den Kfz-Innenraum zu beeinträchtigen. Das Erstaunliche dabei ist, dass der Preis des Pkws nur zwischen 37.000 und 74.000 Euro liegen soll, was durchaus mit einem konventionellen Fahrzeug der gehobenen Mittelklasse zu vergleichen ist.

Obwohl die derzeitige Wasserstofftankstellenstruktur noch keine flächendeckende Einführung von Brennstoffzellenautos zulässt (vgl. S.11), zeigen Beispiele wie der „FCV-R", dass Brennstoffzellenfahrzeuge zunehmend als Konkurrent herkömmlicher Kraftfahrzeuge mit Verbrennungsmotor ernst zu nehmen sind. (Wüst, 2013) (wikipedia.org I.)

4.3.2 IN DER LUFT- UND RAUMFAHRT

Auch in der Luftfahrt gab es bereits einige Projekte, bei denen Brennstoffzellen eingesetzt worden sind. Im Gegensatz zu Kraftfahrzeugen befindet sich die Entwicklung jedoch noch in der Anfangsphase, obwohl die zuvor erläuterten Vorteile auch auf die Luftfahrt zutreffen.

Als Pioniere in diesem Fachgebiet gelten die Forscher des „Deutschen Zentrums für Luft und Raumfahrt", die zusammen mit einer kleinen deutschen Firma namens „Lange Aviation" das erste allein durch Brennstoffzellen betriebene Propellerflugzeug gebaut haben. Das Einmannflugzeug nannte sich „Antares H2" und hatte im Jahre 2009 in Hamburg seinen Jungfernflug. Zwar handelte sich bei dem Elektroflugzeug lediglich um einen Prototypen, der primär der Erforschung der Möglichkeiten von Brennstoffzellen diente, der Einsatz von dieser Technologie ist jedoch in Zukunft trotzdem grundsätzlich denkbar. Vorerst stehen jedoch ergänzende Systeme, wie zum Beispiel die Anwendung als Hilfsaggregat, im Fokus.

Bezogen auf die Raumfahrt lässt sich das Gleiche feststellen. Hier wird die Brennstoffzelle den etablierten Raketenantrieb wohl kaum ersetzen. Allerdings kam die Brennstoffzelle als Stromaggregat bei verschiedenen Weltraummissionen schon sehr früh zum Einsatz (vgl. S.2). Vorwiegend werden hierfür alkalische Brennstoffzellen benutzt, da sich diese angesichts eines bestimmten Merkmales als besonders praktisch erwiesen haben. Eine AFC benötigt zur Stromerzeugung Sauerstoff und Wasserstoff in reinster Form, was beides bei Weltraummissionen aufgrund des darauf beruhenden Raketenantriebes hinreichend vorliegt.

In der Raumfahrt zudem positiv zu bewerten ist das hinzukommende Produktwasser der Brennstoffzelle, welches eine Trinkwasserversorgung im All zumindest teilweise sichert. (uni-paderborn.de) (Grotelüschen, 2010)

4.3.3   IN DER SCHIFFFAHRT

Ein nächster Sektor, in dem die Brennstoffzelle zur mobilen Anwendung in Frage kommt, ist die Fortbewegung zu Wasser. Auf diesem Gebiet werden Brennstoffzellen bereits seit längerem erfolgreich eingesetzt. Was Schiffe anbelangt sind diesbezüglich zwar in erster Linie kleinere Boote und Wasserfahrzeuge anzuführen, derartige Systeme haben sich aber durchaus bewährt.

Ein treffendes Beispiel für eine gelungene Markteinführung von Brennstoffzellensystemen zu Wasser sind U-Boote. Auf diesem Bereich ist die Forschung bereits so weit fortgeschritten, dass schon seit 2005 das erste, sich teils auf Brennstoffzellen stützende U-Boot auf dem freien Markt erhältlich ist. Bei jenem Tauchboot ist neben einem Dieselmotor auch eine Brennstoffzelle verbaut, deren Energie ausreicht um das Boot selbständig anzutreiben. Gleichwohl es sich bei dem „Unterseeboot der Klasse 212 A" um das bis jetzt einzige serienmäßig produzierte Wasserstoff-U-Boot handelt, ist es mittlerweile in insgesamt 18 Nationen im Einsatz. Das Tauchboot stammt aus dem Werk der „Howaldtswerke - Deutsche Werft", die es in Zusammenarbeit mit dem Konzern Siemens entwickelt haben. Die besondere Attraktivität der Verwendung von Brennstoffzellensystemen in U-Booten beruht auf zwei Aspekten. Solche Konzepte zeichnen sich einerseits durch Geräuschlosigkeit aus, was eine Entdeckungswahrscheinlichkeit bedeutend verringert. Andererseits ermöglichen sie einen für die Tauchfahrt besonders relevanten außenluftunabhängigen Betrieb, solange die Sauerstoffzufuhr durch Drucktanks gesichert ist. Ungeachtet dessen, dass im Falle der genannten U-Boot-Klasse eine PEMFC herangezogen wurde, kommt aufgrund der Notwendigkeit eines Tanks mit reinem Sauerstoff auch eine AFC in Frage.

Neben diesen Anwendungen scheint die Brennstoffzelle jedoch für den Einsatz in riesigen Passagier- und Containerschiffen, ähnlich wie in der Luftfahrt, vorläufig nur als Nebenaggregat eine Rolle zu spielen. (Meinert) (Rosenthal)

5. SCHLUSSBEMERKUNG: FAZIT UND AUSBLICK

Hinsichtlich all der erläuterten Vorteile von Brennstoffzellen lässt sich zusammenfassend feststellen, dass man, was die Anwendung in Kombination mit einem Elektromotor betrifft, diese Art von Technologie auf keinen Fall unterschätzen sollte. Ganz im Gegenteil, die Brennstoffzelle ist immer mehr auf dem Vormarsch, was primär an ihrer zunehmenden Diffusion auf dem freien Markt erkennbar ist. Inzwischen wird der Einsatz von derartigen Systemen nicht länger nur in Betracht gezogen, sondern ist in bestimmten Bereichen bereits Realität.

Das alles ist dadurch möglich geworden, dass die Brennstoffzelle und die damit zusammen-hängende Wasserstoffspeicherung seit ihrer Erfindung eine immense technische Entwicklung hinter sich haben und entscheidend verbessert wurden. Nichtsdestotrotz ist gerade das im Vergleich zum Verbrennungsmotor festzustellende Entwicklungsdefizit dafür verantwortlich, dass der Einsatz für Brennstoffzellen im größeren Rahmen noch immer nicht umsetzbar ist. Hinsichtlich der mobilen Anwendung vor allem von Belang wäre eine Reduzierung des Gewichts und des Platzanspruches, eine Steigerung des Gesamtwirkungsgrades, eine verbesserte Wasserstoffspeicherung und eine damit verbundene Steigerung der erzielten Reichweiten.

Jedoch wird die Erforschung der Brennstoffzelle insbesondere durch ihr enormes ökologisches Potenzial weiter vorangetrieben. Dieses gründet zum einen auf die Aussicht eines unabhängig von fossilen Rohstoffen funktionierenden globalen Transportwesens. Zum anderen spielt, was diesen Bereich angeht, die Möglichkeit einer umfassenden Emissionsfreiheit eine wesentliche Rolle.

Jedoch ist die zentrale Frage, ob der Brennstoffzellenantrieb sich weiter etablieren und eventuell gegen gängige Antriebsmethoden durchsetzen kann noch von einem weiteren Faktor abhängig. Neben den technischen Aspekten müssen nämlich auch die gesellschaftspolitischen Gegebenheiten berücksichtigt werden. Diese erweisen sich insofern als geeignet, als dass eine staatliche Förderung von Nachhaltigkeit und Umweltschutz in der Regel global gegeben ist. Gleichwohl reicht die derzeitige Wasserstoffinfrastruktur für eine flächendeckende Einführung der Brennstoffzelle schlicht noch nicht aus. Weder die gegenwärtige Wasserstoffproduktion noch die Zugangsmöglichkeiten zum Auftanken von Wasserstoff würden hinreichen.

Abschließend lässt sich festhalten, dass zum jetzigen Zeitpunkt die Brennstoffzellentechnik in Verbindung mit einem Antrieb noch nicht ausgereift genug ist, um auf dem freien Markt herkömmliche Antriebsmethoden völlig ablösen zu können. Dennoch bietet sie sich schon derzeit auf speziellen Einsatzgebieten als gute Alternative an. Hybridkonzept oder die Anwendung im kleineren Rahmen stehen dabei meist im Fokus.

Im Hinblick auf die Zukunft wird die Brennstoffzelle allerdings mit großer Wahrscheinlichkeit immer mehr eingesetzt werden. Auf längere Zeit gesehen wird sie ihrer vielfältigen Vorteile wegen gängige Antriebsmöglichkeiten vermutlich sogar verdrängen. Bereits 1870 drückte Jules Vernes deren Potential in einem seiner Romane aus:

> „Das Wasser ist die Kohle der Zukunft. Die Energie von morgen ist Wasser, das durch elektrischen Strom zerlegt worden ist. Die so zerlegten Elemente des Wassers, Wasserstoff und Sauerstoff, werden auf unabsehbare Zeit hinaus die Energieversorgung der Erde sichern." (zitate-online.de)

Heutzutage kann man hinsichtlich dessen, dass sich diese Aussage über die Brennstoffzellentechnologie künftig bewahrheiten wird, durchaus zuversichtlich sein.

6. LITERATURVERZEICHNIS

6.1 LITERATUR

autohaus.de. (29. September 2011). Abgerufen am 10. November 2013 von autohaus.de:
http://www.autohaus.de/mobilitaet-ohne-gefahr-1070309.html

Bosch, M. (2004). *home.foni.net.* Abgerufen am 10. November 2013 von home.foni.net:
http://home.foni.net/~michaelbosch/auto/economic/calconsu.htm

Buchal, C. (2008). Brennstoffzellen. In P. D. Buchal, *ENERGIE* (S. 130-131). Köln: MIC
Agentur & Verlag.

chemgapedia.de. (n.d.). Retrieved November 10, 2013, from chemgapedia.de:
http://bit.ly/HPJcGz

chorum.de I. (kein Datum). Abgerufen am 10. November 2013 von chorum.de I.:
http://www.chorum.de/

chorum.de II. (kein Datum). Abgerufen am 10. November 2013 von chorum.de II.:
http://www.chorum.de/def.htm

diebrennstoffzelle.de I. (kein Datum). Abgerufen am 10. November 2013 von
diebrennstoffzelle.de I.: http://www.diebrennstoffzelle.de/zelltypen/geschichte/

diebrennstoffzelle.de II. (kein Datum). Abgerufen am 10. November 2013 von
diebrennstoffzelle.de II.:
http://www.diebrennstoffzelle.de/zelltypen/pemfc/funktion.shtml

dlr.de. (kein Datum). Abgerufen am 10. November 2013 von
http://www.dlr.de/next/desktopdefault.aspx/tabid-6774/11120_read-25351/

Grotelüschen, F. (September 2010). Mit Strom über den Atlantik. *Bild der Wissenschaft*, S.
80-90.

guidobauersachs.de. (kein Datum). Abgerufen am 10. November 2013 von
guidobauersachs.de: http://www.guidobauersachs.de/referate/Brennstoffzelle.pdf

Hakenjos, A. (2006). *freidok.uni-freiburg.de.* Abgerufen am 10. November 2013 von
freidok.uni-freiburg.de: http://www.freidok.uni-
freiburg.de/volltexte/3066/pdf/AlexDissEndversion.pdf

Hirschl, B., & Hoffmann, E. (Februar 2003). *ioew.de I.* Abgerufen am 10. November 2013 von
ioew.de I.:
http://www.ioew.de/uploads/tx_ukioewdb/IOEW_SR_165_Zukunftstechnologie_Brenn
stoffzelle.pdf

Larminie, J., & Dicks, A. (2000). *Fuel Cell Systems Explained.* Hoboken (New Jersey), USA:
Wiley and Sons.

Lucas Nülle GmbH, Kai-Christian Tönnsen. (2010). L@Bsoft "Brennstoffzellen Advanced". Kerpen (Sindorf).

Meinert, T. (kein Datum). *geozeit.de*. Abgerufen am 10. November 2013 von geozeit.de: http://www.geozeit.de/thema/kuesten-und-klima/die-brennstoffzelle.html

Nill, J. (2000). *iowe.de II*. Abgerufen am 10. November 2013 von iowe.de II.: http://www.ioew.de/uploads/tx_ukioewdb/DP4800.pdf

Rosenberg, M. (2. 11 2009). *planet-wissen.de*. Abgerufen am 10. November 2013 von planet-wissen.de: http://www.planet-wissen.de/natur_technik/energie/brennstoffzelle/portraet_sir_william_robert_grove.jsp

Rosenberg, M., & Gent, M. (2. 11 2009). *planet-wissen.de*. Abgerufen am 10. November 2013 von planet-wissen.de: http://www.planet-wissen.de/natur_technik/energie/brennstoffzelle/

Rosenthal, J. K. (kein Datum). *hardtoehenkurier.de*. Abgerufen am 10. November 2013 von hardthoenkurier.de: http://www.hardthoehenkurier.de/index.php/archiv/95-beitraege/beitraege5/460-die-u-boot-klasse-212a

spiegel.de. (kein Datum). Abgerufen am 10. Novemeber 2013 von spiegel.de: http://video.spiegel.de/flash/1304746_1024x576_H264_HQ.mp4

uni-paderborn.de. (kein Datum). Abgerufen am 10. November 2013 von uni-paderborn.de: http://www.uni-paderborn.de/fileadmin/eim-e-nek/PDF/Laborpraktikum/LPC_Praktikum_Brennstoffzelle.pdf

wikipedia.org I. (kein Datum). Abgerufen am 10. November 2013 von wikipedia.org I.: http://de.wikipedia.org/wiki/Brennstoffzelle

wikipedia.org II. (kein Datum). Abgerufen am 10. November 2013 von wikipedia.org II.: http://de.wikipedia.org/wiki/Polymerelektrolytbrennstoffzelle

wikipedia.org III. (kein Datum). Abgerufen am 10. November 2013 von wikipedia.org III.: http://de.wikipedia.org/wiki/Wasserstoffspeicherung

wikipedia.org IV. (kein Datum). Abgerufen am 10. November 2013 von wikipedia.org IV.: http://de.wikipedia.org/wiki/Brennstoffzellenfahrzeug

Wüst, C. (28. Oktober 2013). Kraftwerk auf Rädern. *Der Spiegel*, S. 112-114.

zbt-duisburg.de. (kein Datum). Abgerufen am 10. November 2013 von zbt-duisburg.de: http://www.zbt-duisburg.de/portfolio/bz-komponenten/ht-bipolarplatte/

zitate-online.de. (kein Datum). Abgerufen am 10. November 2013 von zitate-online.de: http://www.zitate-online.de/sprueche/kuenstler-literaten/19241/das-wasser-ist-die-kohle-der-zukunft-die.html

6.2 ABBILDUNGEN

commons.wikimedia.org. (2005, 08 07). Retrieved November 10, 2013, from
commons.wikimedia.org:
http://commons.wikimedia.org/wiki/File:Brennstoffzelle_funktionsprinzip.png

auto-motor-und-sport.de. (2007). Retrieved November 10, 2013, from auto-motor-und-
sport.de: http://www.auto-motor-und-sport.de/bilder/Themen-2007-1386285.html#

chemgapedia.de. (n.d.). Retrieved November 10, 2013, from chemgapedia.de:
http://bit.ly/HPJcGz

proton-motor.de. (n.d.). Retrieved November 10, 2013, from proton-motor.de:
http://www.proton-motor.de/products.html?&L=1

quotationsensation.com. (n.d.). Retrieved November 10, 2013, from quotationsensation.com:
http://www.quotationsensation.com/author.aspx/William_Robert_Grove